A Czempin

Die Technik der Chloroformnarkose für Ärtze und Studierende

A Czempin

Die Technik der Chloroformnarkose für Ärtze und Studierende

ISBN/EAN: 9783742869913

Hergestellt in Europa, USA, Kanada, Australien, Japan

Cover: Foto ©berggeist007 / pixelio.de

Manufactured and distributed by brebook publishing software
(www.brebook.com)

A Czempin

Die Technik der Chloroformnarkose für Ärtze und Studierende

Die

Technik der Chloroformnarkose

für Ärzte und Studierende

von

Dr. A. Czempin
Frauenarzt in Berlin.

Mit 1 Tafel.

———

Zweite Auflage.

———

Berlin 1897.

Verlag von Otto Enslin, Buchhandlung für Medizin.
NW. 6, Karlstrasse 32.

Einleitung.

Hie Äther, hie Chloroform! Von neuem ist ein Kampf gegen das Chloroform entbrannt. Dass das Chloroform Sieger bleiben wird, erscheint dem Verfasser nicht zweifelhaft. Wie hervorstechend sind die Vorzüge des Chloroforms! Es giebt kein Mittel, das so schnell, so sicher, in so einfacher Anwendung und in so unglaublich kleiner Menge Schmerzlosigkeit erzeugt, wie das Chloroform. Ich sah mit 15 Gramm Chloroform eine Nierenexstirpation bei einer septischen Patientin! Die Kontraindikationen gegen das Chloroform sind ausserordentlich gering, selbst bei Herzfehlern ist, — sobald einmal die Indikation zum Operieren eine vitale war, — das Chloroform mit Erfolg angewandt worden. Und dabei sind die Kontraindikationen des Chloroforms fast alle auch die Kontraindikationen des Äthers, und wiederum das Chloroform auch da noch möglich, wo der Äther kontraindiziert ist, und nur eine ganz geringe Gruppe von Fällen (schwere Anämie, Herzschwäche) bleiben dem Äther reserviert. Für das Gros der Operationen kann der Äther, dessen Anwendung eine umständliche, voluminöse, technisch unangenehme und schliesslich feuergefährliche ist, mit dem Chloroform nicht konkurrieren.

Warum also der Streit?! Dass ein derartiger Kampf gegen das Chloroform entbrennen konnte, war nur dadurch ermöglicht, dass die Schulung der Ärztegenerationen in der Technik der Chloroformnarkose seit Jahrzehnten eine ungenügende war. Wer von diesen wirklich gut chloroformieren konnte, verdankte es meist eigener Übung und Erfahrung. Die Anleitung war gering, gute Schriften über die Technik der Narkose nur wenig verbreitet.

Wie wichtig ist dabei die Narkose für die sichere Technik des Operateurs und für den glücklichen Erfolg der Operation! In eigener verantwortlicher Thätigkeit als Gynäkologe und Geburtshelfer habe ich bei zahlreichen operativen Eingriffen die Wichtigkeit dieses Amtes beurteilen gelernt und mit Mühe und Aufmerksamkeit meine Assistenten auf diesen ihren Anteil an meiner Verantwortung eingeübt. Was in solchen Gesprächen und Beobachtungen in Anlehnung an Beobachtungen anderer und durch eigenes Urteil als Norm aufgestellt wurde, gebe ich in folgenden Blättern wieder und hoffe. dem Chloroform seine Freunde wieder zu gewinnen und den jüngeren Kollegen durch Schilderung einer vielfach bewährten Technik das Vertrauen zu diesem Mittel wieder zu verschaffen.

Die Physiologie der Chloroformnarkose.

(Hierzu die Zeichnung.)

Das Chloroform ist ein Gift. In systematischer Weise fortdauernd eingeatmet, ruft dieses Gift eine Reihe von Wirkungen
hervor, welcher wir zum Zwecke der Operation der Kranken
bedürfen und deren Höhepunkt für unsere Zwecke Bewusstlosigkeit, Gefühllosigkeit und Muskelerschlaffung darstellen. Über
diese Zwecke hinaus dargereicht, tötet das inhalierte Gift den
Menschen. Die Narkose des Menschen bewegt sich demgemäss
auf einer Linie (s. Figur), deren Endpunkte auf der einen Seite
Erwachen, auf der anderen Seite Tod begrenzen. Zwischen
beiden liegt der Punkt, den der chloroformierende Arzt inne-
halten soll. Dieser Punkt wird physiologisch erkenntlich und
bestimmt durch die enge oder noch richtiger durch die engste
Pupille (E P der Figur). Die engste Pupille ist der
Normalpunkt der Chloroformnarkose. Im Moment der
engsten Pupille ist der Betäubte sowohl ausserhalb jeder Lebens-
gefahr von Seiten des Betäubungsmittels, wie anderseits jede
Schmerzempfindung, Bewusstsein und willkürliche Muskelthätigkeit aufgehoben ist.

Es liegt dieser Punkt der engsten Pupille, der Normalpunkt
der Chloroformnarkose, nicht in der Mitte der Linie zwischen
Erwachen und Tod, sondern letzterem näher, d. h. ein Hinaus-
gehen über diesen Punkt nähert sich schneller dem Endpunkt
Tod, ohne dass ein solches Hinausgehen für den Zweck der
Narkose von irgend welchem Wert ist.

Vor und hinter diesem Punkt der engsten Pupille liegt
beiderseits ein Punkt, bei welchem die Pupille weit ist (WP),

d. h. ein Punkt vorher, in welchem sie noch weit ist, und ein Punkt nachher, in welchem sie sich wieder erweitert. Wir haben also ein Stadium der weiten Pupille vor oder links vom Normalpunkt *(WP links)* und ein zweites Stadium der weiten Pupille hinter oder rechts vom Normalpunkt *(WP rechts)*. Beide sind grundverschieden voneinander. Im ersten Falle ist der Patient zu wenig, im letzteren Falle zu viel betäubt. Beide Stadien haben ihre ganz bestimmten Kennzeichen, durch welche sie mit absoluter Sicherheit voneinander unterschieden werden können, die Verschiedenheit des Pupillar- und Kornealreflexes. Hierüber später.

Lässt man einen Menschen Chloroformdämpfe einatmen, so ist die beginnende Erweiterung der Pupille (links vom Normalpunkt) das Zeichen der beginnenden Bewusstlosigkeit (s. Figur), während die Schmerzempfindung und die Muskelthätigkeit noch vorhanden sind. Mit dem Tieferwerden der Narkose wird die Empfindung vermindert und schliesslich aufgehoben und endlich die Muskelthätigkeit aufgehoben. Den Höhepunkt dieses Stadiums zeigt die völlig verengte Pupille an. Zwischen der beginnenden Bewusstlosigkeit und der völligen Bewusstlosigkeit (vor WP) liegt ein Stadium einer je nach der Individualität mehr oder weniger ausgeprägten Exaltation, das sog. Excitationsstadium (s. Figur). Dasselbe kann bekanntlich sehr stark auftreten, so dass alle Hilfskräfte thätig sein müssen, den erregten Kranken zu halten. Das Excitationsstadium ist bei Potatoren sehr ausgeprägt, man findet es indessen auch ohne Potatorium bei sehr aufgeregten und ängstlichen Personen. Bekanntermassen ist eine Morphiuminjektion eine halbe Stunde vor der Narkose bei Kranken, bei welchen ein starkes Excitationsstadium zu erwarten ist, von recht guter Wirkung. Diese meist nur 0,01—0,02 betragende Dosis hat keinen Einfluss auf die Pupille.

Das Excitationsstadium tritt auch mit dem Aufhören der Narkose nach Beendigung der Operation stets wieder in geringerer oder stärkerer Weise hervor und ist, wenn die Operierten sich bereits im Bett befinden, besonders für den Laien von beunruhigendem Eindruck. Eine ernstliche Bedeutung kommt ihm indes auch dann nicht zu.

Im weiteren Verlauf der Narkose gelangt der Chloroformierte, das Stadium der weiten Pupille überschreitend, nunmehr zum Normalpunkt und muss hierin vom narkotisierenden Arzt erhalten werden. Bevor wir uns zu dieser wichtigsten Aufgabe des Chloroformeurs wenden, müssen wir noch auf ein anderes wichtiges Stadium in diesem Theil der Chloroformlinie hinweisen. Lässt man in Darreichung von Chloroform nicht nach und bringt man den Kranken lege artis zum Normalpunkt und erhält ihn auf diesem, so treten irgendwelche Störungen auf dieser aufsteigenden Linie nicht ein. Lässt man aber mit dem Chloroform nach, so dass der Kranke sich auf der Chloroformlinie zum Endpunkt Erwachen zurückbewegt, so gelangt er bei dieser Rückwärtsbewegung zu einem Stadium des Erbrechens, welches niemals eintritt, wenn der Kranke sich auf der Linie nur vorwärts bewegt*) (s. Figur). Dieses Erbrechen ist störend für den Operateur und unangenehm, ja, auch gefährlich für den Kranken infolge der Möglichkeit der Aspiration derartiger erbrochener Massen in die Luftwege. Es ist also stets Erbrechen während der Narkose ein Zeichen mangelhafter Aufmerksamkeit des chloroformierenden Arztes. Ist Erbrechen eingetreten, so sind besondere Massnahmen notwendig, auf welche wir noch später eingehender zurückkommen.

Es ist für den chloroformierenden Arzt nun unbedingt notwendig, den Kranken andauernd auf dem Normalpunkt, dem Punkt der engsten Pupille, zu halten. Es ist dies nicht so ganz leicht. Gerade in dieser Hinsicht werden wir jeden zu chloroformierenden Kranken von verschiedener individueller Empfindlichkeit finden. Bei dem einen genügt eine geringe Menge Chloroform, um ihn zur engsten Pupille zu bringen; dies Stadium der engsten Pupille dauert bei ihm lange Minuten an, ohne dass

*) Der Einfachheit wegen mit der Linie Excitation zusammengezeichnet, doch durch die Pfeilrichtung verschieden.

von neuem Chloroform gereicht wurde, bis schliesslich die Pupille
sich wieder erweitert und durch ihre gleichzeitig vorhandene
Lichtreaktion anzeigt, dass der Kranke sich vor dem Normalpunkt befindet und wieder der Darreichung von Chloroform bedarf. Einige Tropfen genügen, um die Pupille wieder zu ver-
engen und den Normalpunkt der Narkose zu erreichen.

Ganz anders ist das Verhalten eines Zweiten: Schon geringe
Zeit nachdem das mehr oder weniger deutliche Exaltationsstadium
vorübergegangen ist, tritt die engste Pupille auf, um sofort bei
weiterer Darreichung in die weite Pupille hinter dem Normalpunkt überzugehen und sich schnell den gefährlichen Stadien
dieser Region zu nähern. Lässt man aufmerksamerweise das
Chloroform fort, so tritt unerwartet schnell der Kranke in das
Stadium der weiten Pupille vor dem Normalpunkt zurück. Schon
wenige Sekunden später weisen Würgbewegungen oder abweh-
rende Muskelbewegungen darauf hin, dass der Kranke sich dem
Endpunkt Erwachen auf der Chloroformlinie schnell nähert.

Mit anderen Worten: Das Stadium, in welchem wir unsere
Kranken während der Chloroformnarkose ohne Schädigung für
sie und zur Erzielung der notwendigen tiefsten Narkose erhalten
müssen, ist individuell ausserordentlich verschieden. In meiner
Klinik ist für dieses Stadium die Bezeichnung Narkosenbreite
üblich. Die Narkosenbreite (s. Figur) ist also auf der Chloroformlinie ein Raum, der gleichmässig vor und hinter der engsten
Pupille liegt. Er ist nach links abgegrenzt und kenntlich durch
die beginnende Erweiterung der Pupille bei vorhandenem Pupillarreflex und nach rechts abgegrenzt und kenntlich durch die
beginnende Erweiterung der Pupille ohne vorhandenen Pupillarreflex.

Von einem aufmerksamen, seiner Verantwortung bewussten
chloroformierenden Arzt muss verlangt werden, dass er mit dem
Eintritt der engen Pupille bei seinem Kranken sich sofort ein
Urteil über die Grösse der Narkosenbreite des Patienten bildet.
Denn von der Narkosenbreite des Kranken hängt die Sicherheit
der Chloroformnarkose und damit das Leben des Kranken ab.

Je grösser die Narkosenbreite, um so leichter die Aufgabe des
Chloroformeurs, je kürzer die Narkosenbreite, um so schwieriger.
Letztere Kranke schweben fortwährend zwischen zu tiefer und
zu oberflächlicher Narkose, und zu seiner Verzweiflung findet
der aufmerksam beobachtende Chloroformierende, dass ihm der
Normalpunkt der Narkose — die engste Pupille — fortdauernd
unter den Fingern nach der einen oder anderen Richtung hin
verschwindet.

Ganz gefährlich sind in dieser Hinsicht die zum Glück recht
seltenen Kranken, bei denen der Normalpunkt überhaupt nicht
zur Beobachtung zu bringen ist. Solche Kranke zeigen soeben die
weite reagierende Pupille und im nächsten Moment schon die
weite reaktionslose Pupille, ohne dass der Arzt den dazwischen
liegenden Moment der engsten Pupille hat beobachten können.
Die Narkosenbreite ist also bei diesen Kranken auf ein Mini-
mum zusammengedrückt. Die Narkose solcher Kranken ist für
den Ungeübten ausserordentlich schwer. .

Um den Kranken in der Narkosenbreite zu erhalten, ist —
je nach der Grösse derselben — eine mehr oder weniger häufige
Beobachtung der Pupille notwendig. Beobachtet der Chloroformierende seinen Kranken und findet er die Pupille weit, so muss
er sich sofort bewusst sein, sich nach dem einen oder anderen Endpunkt von dem Normalpunkt der engsten Pupille entfernt zu
haben. Wie unterscheidet er beide Stadien? Der wichtigste
und fundamentalste Unterschied dieser beiden Stadien der weiten
Pupille ist der Pupillarreflex, d. h. die Verengerung der
Pupille auf Lichteinfall.

Das Hinausgehen der Narkose über die enge Pupille nach
rechts, nach dem Endpunkt Tod, ist charakterisiert durch Mangel
der Reaktion dieser weiten Pupille auf Lichteinfall (— PR),
während das Zurückgehen der Narkose unter die enge Pupille
nach links charakterisiert wird durch das Vorhandensein der
Pupillarreaktion der weiten Pupille auf Lichteinfall (+ PR).

Mit anderen Worten: Ist die Pupille weit, so hebe mit der
linken Hand den Kopf des Kranken, so dass er dem Lichte voll

zugekehrt ist, am besten, indem man den Hinterkopf in die flache linke Hand nimmt oder fest mit dieser Hand in die Haare greift. Indem man dann die Lider beobachtet, ziehe man mit den auseinandergespreizten Zeige- und Mittelfingern der anderen (rechten Hand) beide oberen Augenlider mit schnellem Ruck nach oben. Waren die Lider vorher geöffnet gewesen, so schliesst man sie vorher mit beiden Fingern einige Sekunden lang. Man muss scharf in dem Moment des Hochhebens auf die Pupille achten. Oft ist die Reaktion der weiten Pupille auf den schnellen Lichteinfall nur eine ganz geringe, kurze, kaum einen Millimeter im Durchmesser betragende Verengung, welche sofort, in einem Moment, der weiten Pupille wieder Platz macht. Hat man durch zu geringe Aufmerksamkeit selbst bei Wiederholung dieses Prüfungsmanövers diese Reaktion übersehen und hat man fälschlich die vorhandene weite Pupille als den Ausdruck einer übermässigen Betäubung (weite Pupille hinter dem Normalpunkt) aufgefasst und dem entsprechend das Aufgiessen von Chloroform unterlassen, so wird man in wenigen Minuten durch die unangenehmen Symptome des beginnenden Erwachens, durch Abwehrbewegungen, Spannen und Erbrechen seines Irrtums belehrt werden.

Hat man aber diese Reaktion der weiten Pupille auf Lichteinfall rechtzeitig bemerkt, so genügt ein kurzes Aufträufeln und das Vorhalten der angefeuchteten Maske während mehrerer Atemzüge, um sofort wieder zum Normalpunkt der engsten Pupille zurückzukehren.

Es giebt noch eine zweite Unterscheidung beider Stadien der weiten Pupille, das ist die Reaktion der Kornea, der Kornealreflex, d. h. der unwillkürliche Lidschluss bei Berührung der Kornea. Bei weiter Pupille vor dem Normalpunkt ist die Kornea empfindlich (+ KR), bei weiter Pupille hinter dem Normalpunkt ist die Kornea unempfindlich (— KR). Dies Unterscheidungsmerkmal ist ein undeutliches, unsicheres und unangenehmes und deshalb nur zur event. Unterstützung eines zweifelhaften Pupillarreflexes zu verwerten. Erstens undeutlich: Ist die Narkose noch im Beginn und versucht man das Auge zu öffnen und mit dem Finger die Kornea zu berühren, so sieht man zwar sofort ein starkes Zusammenklemmen der Lider, ist aber die Narkose längere Zeit unterhalten gewesen, so ist die Lidreaktion durch Berühren der Kornea eine ganz ausserordentlich schwache, schwer zu beobachtende, und eher wird der Chloroformierende durch die deutlichen Zeichen des Erwachens: Spannen, Brechbewegungen überrascht, ehe er den Lidreflex deutlich erkennt. Der aufmerksame Beobachter kann ihn trotzdem erkennen. Hebt man mit dem Zeigefinger das obere Lid hoch und berührt mit dem Mittelfinger sanft die Kornea, so entsteht im gleichen Moment ein ganz unmerkliches Zucken im inneren Winkel des unteren Augenlides und zwar in der Richtung nach aussen.

Aber trotz dieses Zeichens rate ich, den Kornealreflex nicht bei allen Kranken als sicheres Merkmal anzunehmen. Denn wie oben gesagt, ist derselbe auch unsicher. Es giebt nämlich nicht selten Patienten, bei denen der Kornealreflex trotz der Wirkung des Chloroforms erhalten bleibt und auch noch beim Überschreiten des Normalpunktes bei der weiten Pupille hinter dem Normalpunkt vorhanden ist (— KR?). Der aufmerksame chloroformierende Arzt wird dies, wenn er seinen Patienten erst einige Minuten chloroformiert hat, sofort feststellen können. Er wird beim Überschreiten des Normalpunktes und dem Fehlen des Pupillarreflexes, wenn trotzdem der Kornealreflex noch vorhanden ist, erkennen, dass er es mit einem Ausnahmefall zu thun hat, und für diesen Fall den Kornealreflex für die Beurteilung der Narkose ausser Acht lassen. Findet er dagegen normale Verhältnisse, so wird also der Kornealreflex gelten. Aber trotzdem rate ich, ihn nur ausnahmsweise und nur zur Unterstützung des Pupillarreflexes zu verwerten und anzuwenden, denn die häufige Berührung der Kornea ist ein für den Kranken nicht ganz unschädliches Verfahren, indem bei langen Narkosen und häufigem Betasten der Kornea Entzündungen, selbst Ulceration derselben am nächsten Tage folgen, namentlich wenn Spuren von Chloroform an den Fingern des Chloroformierenden sich befinden, was ja nicht völlig zu vermeiden ist.

Die weite Pupille vor dem Normalpunkt führt also zum
Erwachen. Vor dem Erwachen treten als Symptomen des Minder-
masses an Chloroform, Erbrechen. Abwehrbewegungen auf.
Die weite Pupille hinter dem Normalpunkt nähert sich dem
gefährlichen Endpunkte Tod.

Hier tritt vor dem Tode glücklicherweise noch ein Symptom
des Übermasses ein, dessen sorgfältiges Erkennen stets den
Patienten retten kann. Das ist die Lähmung des Atmungscentrums, d. h. das Aufhören der Atmung, während das Herz
noch weiter schlägt. (s. Figur).

Was ist also zu thun, sobald der Chloroformierende die
Pupille weit findet und an dem Mangel der Pupillarreaktion und
ev. auch der Kornealreaktion erkennt, dass er sich hinter dem
Normalpunkt befindet?!

Zunächst · darf selbstverständlich kein Chloroform weiter
gegeben werden. Die Maske und die Chloroformflasche muss
sofort weit aus dem Bereiche des Patienten gebracht werden,
damit die Einatmung auch nur von Spuren des Betäubungsmittels vermieden werde. Die gespannteste Aufmerksamkeit
muss nunmehr auf die Atmung gerichtet werden. Atmet der
Patient, so ist eine Gefahr nicht zu befürchten. Mit dem Einatmen atmosphärischer Luft lässt die Chloroformwirkung nach.
die Pupille kehrt allmählich zur Enge zurück und die Narkose
wird dann in der üblichen Weise unterhalten.

Trotzdem kommt es vor, dass selbst beim Fernhalten von
Chloroform nach dem Auftreten der weiten Pupille rechts vom
NP. das bereits eingeatmete und in der Blutbahn befindliche
Chloroform eine Nachwirkung äussert, und dass der Beobachter
noch Atemzüge konstatiert, die aber dann oberflächlicher werden
und plötzlich aufhören. Der aufmerksame Arzt wird meist nur
solchen Fällen gegenüberstehen. Ist aber bei Mangel an Aufmerksamkeit bei weiter Pupille noch Chloroform mit diesen letzten
verschwindenden Atemzügen gegeben worden, so wird der Beobachter bereits von dem Aufhören der Atmung überrascht
werden. Die Situation wird zweifellos sich weit ernster gestalten,

als in dem obigen Falle, wo die Atmung unter der Beobachtung
sistierte.

Glücklicherweise schlägt trotz der Lähmung des Atmungscentrums, welche sich in diesem Stillstehen der Atmung dokumen-
tiert, das Herz noch geraume Zeit weiter, und der Stillstand des
Herzens und damit der Tod des Organismus tritt erst einige
Zeit nach dem Stillstand der Atmung ein (s. Figur). Diese
Frist zwischen Stillstand der Atmung und Stillstand des
Herzens muss energisch benutzt werden. Während die Atmung
ziemlich plötzlich aufhört, erlischt die Herzkraft wenigstens bei
nicht zu stark geschwächten Individuen nur allmählich.

In solchen Fällen ist also zunächst, sobald die Atmung
stillsteht, anzunehmen und durch Fühlen des Pulses zu konstatieren, dass das Herz noch schlägt, und sofort die künstliche
Atmung einzuleiten. Das hat der Chloroformierende selbst zu
besorgen. Eine etwa anwesende Person (Assistent, Wärter, ev.
der Operateur) hat sofort ein Fenster zu öffnen, um frische Luft
in den Operationsraum und zu dem Patienten gelangen zu lassen.
Inzwischen macht der chloroformierende Arzt die ersten künstlichen Atemmechanismen. Diese bestehen am praktischsten
darin, dass er hinter dem Patienten und etwas rechts seitlich
von ihm tritt und mit beiden Händen die Arme des Kranken
an seinen Handgelenken umgreift, dann hebt er beide Arme des
Kranken gestreckt bis über dessen Kopfe empor und führt sie
hier auf beiden Seiten nach aussen und zugleich, soweit dies
möglich, nach hinten. Dies ist die künstliche Inspirationsbewegung.
Es folgt die Exspirationsbewegung. Die beiden bisher gestreckt
gehaltenen Arme werden in den Ellenbogengelenken gebeugt,
die Ellenbogen gegen die seitliche Thoraxwand gedrückt, dann
die Handgelenke in der Gegend des unteren Brustkorbrandes
auf der vorderen Thoraxwand zusammengedrückt. Es empfiehlt
sich, dieses Manöver taktmässig zu machen, es energisch und
taktmässig fortzusetzen, unbeirrt von dem Gedanken an die Gefahr, in welcher sich der Kranke befindet.

Es hat aber diese ganze Manipulation keinen Zweck, wenn

die Luftwege des Kranken dabei nicht völlig frei und durchgängig sind. Über diesen Punkt wird in einem folgenden Kapitel ausführlicher gesprochen werden. Es genügt hier, dies zu betonen. Auch hierfür ist eine Hilfsperson sehr geeignet zu verwenden. Der die künstliche Atmung inscenierende Arzt zieht mit dem ersten Inspirationsmanöver den Oberkörper des Kranken an den Rand des Tisches resp. Bettes, so dass der Kopf des Kranken hart am Rande des Operationslagers liegt oder sogar über dieses etwas herüberhängt. Die Hilfsperson sitzt oder kniet zwischen Tisch- oder Bettrand und dem Arzt, fasst von unten her, ohne den arbeitenden Arzt zu stören, den Kopf des Kranken mit beiden Händen und hält in der später zu beschreibenden Weise die Atmungswege offen und frei. Es hat dieses Tieflagern des Kopfes noch einen zweiten Grund, nämlich etwaige in der Mund-, Rachen- oder Nasenhöhle angesammelten Sekrete oder Flüssigkeiten daran zu hindern, während der künstlichen Atmungsmechanismen in die Luftwege zu gelangen. Sie fliessen dann dem Gesetze der Schwere entsprechend in den Nasenrachenraum (s. nächstes Kapitel).

Von Zeit zu Zeit werden die künstlichen Atmungsmanipulationen unterbrochen, um sorgsam an der entblössten Brust resp. dem entblössten Leib zu achten, ob bereits spontane Atemzüge auftreten und in regelmässigem Turnus wiederkehren. Gerade das letztere ist wichtig, denn erst bei Wiederkehr einer regelmässigen spontanen Atmung darf die künstliche unterbrochen werden. Über diesen Moment hinaus die künstliche Atmung fortzusetzen, ist unnötig und falsch.

Während dieser Pausen muss der Puls gefühlt werden, und zwar von dem zweiten anwesenden Arzt. Hat dieser die oben erwähnte Hilfsleistung am Kopfe übernommen, so fühlt er den Puls am geeignetsten an der Carotis.

Die Gefahr von seiten des Herzens ist nach dem Gesagten verschieden gross, je nach der Zeit, welche zwischen dem Stillstand der Atmung und dem Bemerken dieses Stillstands verstrichen ist. Ist das Stillstehen allmählich unter der bereits darauf hin gerichteten Beobachtung des Arztes erfolgt, so ist im grossen und ganzen keine Gefahr von seiten des Herzens zu befürchten, einige künstliche Atemzüge bringen die ganze Scene zur Norm zurück. Selbst bei Nachwirkung des Chloroforms droht hier kaum je eine Gefahr, nur dauert das regelmässige Wiederkehren der Atmung eine relativ längere Zeit. Viel aufregender ist die Situation, wenn der chloroformierende Arzt von dem Fehlen der Atmung sich überraschen lässt. Hier ist oft keine Zeit, sich von dem Zustand des Herzens zu vergewissern, die künstliche Atmung drängt zunächst alles in den Hintergrund. Es empfiehlt sich, hier sofort zur Anregung des Herzens ein oder zwei subkutane Injektionen von Kampheräther zu machen, am besten in einen Oberschenkel. In den Zwischenpausen der künstlichen Atmung muss, wie erwähnt, der Puls geprüft werden. Sein selbst schwaches Vorhandensein muss immer wieder zum Fortsetzen der künstlichen Atmung auffordern.

Die künstliche Atmung darf nie roh ausgeübt werden. Rippenbrüche sind nicht selten bei Sektionen solcher in der Narkose Verstorbener gefunden werden und zeugten von der zu gewaltigen Energie der versuchten Lebensrettung.

Eine in jüngster Zeit empfohlene Methode der künstlichen Atmung besteht in dem rhythmischen Hervorziehen der Zunge (Laborde). Es dürfte sich diese noch zu wenig geprüfte Methode für diejenigen Ärzte empfehlen, welche allein oder mit ungeeigneten Hilfskräften eine Narkose vorgenommen haben. Sie hat den Vorteil, dass die Luftwege bei dieser Methode gleichzeitig mit der künstlichen Atmung freigehalten werden.

Die beim Manöver der künstlichen Exspiration angegebene Kompression der seitlichen Thoraxwand mit den Ellenbogen des Kranken und der vorderen Thoraxwand mit seinen und des Arztes Handgelenken übt gleichzeitig eine massierende Einwirkung auf das Herz und die Bewegung des Blutes in den grossen Gefässen aus. Ist Herzstillstand eingetreten, so ist die Massage des Herzens empfohlen worden. Hierüber mehr in einem späteren Kapitel. —

2

In der tiefsten Narkose bei vollkommenem Erloschensein des
Bewusstseins und der völligen Erschlaffung der willkürlichen
Muskeln kommen zuweilen Bewegungen der Hände, der Finger
und der Füsse vor; ebenso ist bei einigen Individuen selbst in
tiefster Narkose eine rollende Bewegung der Bulbi zu beobachten.
Diese Muskelbewegungen sind für die Beurteilung des Stadiums
der Narkose ohne Bedeutung. Die betreffenden Muskelbewegungen
sind nicht als unbewusste Abwehrbewegungen des Chloroformierten
aufzufassen. Eine Vertiefung der Narkose ist demnach
bei Auftreten derselben nicht erforderlich.

Die Atmung während der Narkose.

Wenn einem gesunden, kräftigen, im Vollbesitze seiner Atmungswerkzeuge befindlichen Menschen unnachgieblich die Kehle zugedrückt wird, so wird er, so anstrengend auch seine Atmungsmuskeln kämpfen, doch ersticken müssen. Diese so triviale Weisheit wird leider überaus häufig von ungeübten chloroformierenden Ärzten vergessen. Ich habe oft erlebt, dass mich ein während der Operation auf das Gesicht der Kranken geworfener Blick überzeugte, dass die Kranke blaurot im Gesicht aussah, die Schleimhäute tiefrot, das Gesicht gedunsen, die Atmung krampfhaft angestrengt und dass der chloroformierende Arzt mit Ernst auf die sichtbare Aktion der Atmungsmuskeln wies und das erneute Einträufeln von Chloroform mit der Ansicht begründete, dass die Kranke nur „spanne". Dass in solchen Augenblicken der Kranke trotz seiner Bewusstlosigkeit einen Kampf mit dem Erstickungstode führt, wird manchem Arzte erst zu spät klar. Mit anderen Worten: Jegliche Physiologie der Chloroformnarkose ist unnütz, sobald die Luft verhindert ist, in die Luftwege einzudringen; der Kranke stirbt, wenn keine Abhilfe geschaffen wird, ganz gleichgiltig, in welchem Stadium der Narkose er sich befindet.

Um sich zu vergewissern, ob der Patient gut atmet, dazu genügt also nicht den Leib, oder die Brust zu beobachten und die Atembewegungen daselbst zu sehen, sondern es muss auch konstatiert werden, dass die Luft in die Luftwege eintritt. In England ist hierzu eine feine Feder in Gebrauch, welche an der luftdicht das Gesicht umschliessenden Chloroformkappe angebracht ist und sich mit der Atmung auf- und abbewegt. Da bei uns

2*

derartige komplizierte Chloroformapparate nicht in Gebrauch sind, empfiehlt es sich, die Atmung behufs der Kontrolle zu hören oder zu fühlen. Das Ohr, dem Gesicht des Patienten genähert — hört selbst bei ruhigem Atmen das feine Geräusch des Ein- und Ausströmens der Luft. Ebenso fühlt die der Nase oder dem Mund genäherte flache Hohlhand das Entgegenströmen der warmen Exspirationsluft. —

Es giebt drei Umstände, welche das normale Eintreten von Luft in die Lungen verhindern und welche behufs Erzielung einer normalen Narkose beseitigt werden müssen:

1. schlechte Lagerung des Kopfes;
2. Behinderung der Nasenatmung und Zurückfallen der Zunge;
3. Anwesenheit von Flüssigkeit im Nasen- oder Rachenraum.

Die schlechte Lagerung des Kopfes kann sowohl durch zu starke Abknickung des Kopfes nach hinten, wie nach vorn zu stande kommen. Ist der Kopf durch ein unter den Hinterkopf gelegtes hohes Kissen zu stark nach vorn abgeknickt, so wird die Trachea winklig nach vorn geknickt und verengt, ebenso beim Gegenteil, wenn die Schultern hoch liegen und der Kopf nach hinten überfällt.

Besondere Sorgfalt muss daher auf die Lagerung des Kranken verwandt und jede Knickung der Trachea vermieden werden. Ganz besonders gilt dies von der Beckenhochlagerung. Hier liegt der Rumpf auf einer schrägen, oft bis 45° steilen Ebene, die auf dem horizontalen Operationstisch aufgebaut ist, der Kopf oft fälschlich ohne jeden Übergang auf dem horizontalen Tisch. Dass hierbei schwere Atmungsstörungen entstehen, liegt auf der Hand, wird aber leider oft übersehen. Die geeignetste Lagerung ist die vollkommen flache Lagerung auf dem Rücken, mit oder ohne ganz geringe Erhöhung des Kopfes.

Ein zweites wichtiges Hindernis für die Atmung liegt in der Behinderung der Nasenatmung. Der durch Chloroform betäubte Mensch soll ebenso wie der schlafende Mensch bei geschlossenem Munde durch die Nase atmen. Diese Nasenatmung kann in zweifacher Weise gestört werden. Einmal durch Erkrankungen der Nase und des Nasenrachenraums (Polypen, Enge der Septa-narium etc.), wodurch die Nasenatmung vollkommen unmöglich gemacht wird oder doch in einer für die ruhige Narkose unangenehmen Weise gestört wird; zweitens bei völlig freier Nasenatmung durch das Hinabsinken des Zungengrundes.

Betrachten wir zunächst das letztere. Mit der Lähmung der Muskulatur des ganzen Körpers in der Narkose tritt selbstverständlich auch eine Lähmung der Zungen-, Gaumen- und Rachenmuskulatur ein. Dadurch fallen diese Gebilde bei der Lagerung des Patienten auf dem Rücken nach hinten, nach der Halswirbelsäule zu. Soweit die Gaumenbögen und das Zäpfchen hierbei in Betracht kommen, hat diese Lähmung nicht viel zu bedeuten. Der ein- und austretende Luftstrom überwindet dieses Hindernis, wodurch das bekannte schnarchende, sägende Geräusch entsteht. Weit wichtiger ist das Zurückfallen des Zungengrundes mit dem Kehldeckel, wodurch der Zutritt der Luft zum Kehlkopf in lebensbedrohender Weise behindert werden kann. Die bekannteste Methode, dies zu vermeiden, ist das Herausziehen der Zunge mit der Zungenzange. Dementsprechend enthalten die gebräuchlichen Esmarch'schen Chloroformbestecke stets eine Zungenzange. Ich bin der Ansicht, dass die Zungenzange nur für ganz bestimmte später zu erörternde Ausnahmefälle zu reservieren ist, und dass die Zungenzange beim Zurückfallen der Zunge bei sonst freier Nasenatmung niemals Anwendung finden darf.

Abgesehen davon, dass der chloroformierende Arzt durch die dauernde Anwendung der Zungenzange eine Hand stetig besetzt hat, ist auch der Patient durch die Quetschung seiner Zunge arg gequält und fühlt diese Quälerei nach dem Erwachen lange nach Die einfachste Methode, das Zurücksinken der Zunge zu verhindern und die Atmung frei zu halten, ist, den Kopf auf die Seite zu legen und zwar dem chloroformierenden Arzte zugewandt. Fällt trotzdem die Zunge etwas zurück und wird die Atmung etwas schnarchend, dann empfiehlt es sich den „Kiefer zu luxieren".

Das „Luxiieren des Kiefers" wird oft recht ungeschickt und roh ausgeführt. Es ist immer ein geringes „Vorwärtsschieben" des Unterkiefers an den beiden Kieferwinkeln vollkommen ausreichend, um die Zunge vom Larynx zu entfernen. Dies Vorschieben des Kiefers erfolgt am besten in Rückenlage des Kopfes. Ist der Kiefer auf diese Weise vorwärtsgeschoben, und die Atmung frei gemacht, so wird der Kopf wieder in Seitenlage gebracht und der Kiefer in der Vorwärtslagerung festgehalten. Dies Festhalten geschieht in der Seitenlage des Kopfes mit einer Hand und zwar, indem ein oder zwei Finger der einen Hand am Kieferwinkel angelegt bleiben oder noch besser und leichter, indem ein oder zwei Finger am Körper der Unterkiefers d. h. unterhalb des Kinnes zwischen Hals und Kinn am Boden der Mundhöhle von aussen her eindringen und hier den Kiefer vorgezogen festhalten. Beim „Vorwärtsschieben" des Kiefers sind also einige Regeln zu beachten. Ein wirkliches „Luxieren" des Kiefers ist ganz unnötig; es ist nicht nötig, die untere Zahnreihe vor die obere zu bringen, es genügt ein Vorwärtsschieben des Kiefers. Ein Öffnen des Mundes ist fernerhin hierbei überflüssig. Das Vorwärtsschieben des Kiefers findet eben nur bei freier Nasenatmung statt und hat nur den Zweck, die Zunge mit dem Kehldeckel vom Larynxeingang fortzuheben. Dementsprechend kann der Mund dabei geschlossen bleiben. Drittens ist das Vorwärtsschieben des Kiefers unnötig, solange die vor die Nase gehaltene Hand konstatiert, dass die an sich freie Nasenatmung kein Hindernis durch das Zurückfallen der Zunge findet. Wo dies Hindernis nicht vorhanden ist, ist es vollkommen überflüssig, den Patienten während der ganzen Dauer der Narkose an seinen Kieferwinkeln in die Höhe zu heben oder doch die Fingernägel daselbst krampfhaft in die Haut einzugraben.

Ganz anders ist das Bild der Narkose, wenn die Nasenatmung mehr oder weniger gestört ist, ganz besonders, wenn — wie so häufig — derartige Kranke noch stark hypertrophische Mandeln haben. Sobald hier im Verlaufe der Narkose die Zunge selbst wenig auf den Larynxeingang zurücksinkt. tritt bald als Zeichen

behinderten Gasaustausches bläuliche Verfärbung des Gesichtes ein.
Das einzige Mittel, hier die Atmung frei zu halten, besteht in
dem dauernden Offenhalten des Mundes und dem sonst zu ver-
pönenden dauernden Hervorziehen der Zunge mittels Zungenzange.
Meist bleiben bei tiefer Narkose durch den Zug der Zungenzange
die Kiefer bei geeigneter Lage des Kopfes geöffnet, so dass die
Luft zwischen Zunge und der oberen Zahnreihe ungestört einströmen kann. Zuweilen aber ist dies bei stark fleischiger
Zunge nicht genügend der Fall, oder die Narkose keine ungestörte,
durch Spannen des Patienten und Zusammenklemmen der Kiefer
gestört. Dann kann das Aufsperren der Kiefer durch eine Mund-
sperre (Heister, König) nötig werden. Anwendung sollen letztere
Instrumente nur im Notfall finden. Bei aufmerksamer Narkose
wird ein Spannen nicht eintreten bezw. schnell zu beseitigen
sein, und durch korrektes Herausziehen der Zunge und entsprechenden Zug derselben nach unten wird Raum genug für
die Luft bleiben. Ich ziehe es für diese seltenen Fälle vor, die
Zunge mittels einer durch sie ca. $1-1^1/_2$ cm von der Spitze in
der Mittellinie durchgeführten starken Seidennaht herausgezogen
zu erhalten. Es ist dies bequemer als die Zange; die Reaktion
des kleinen Einstichs ist geringer als das Fassen mit der Zange,
und das Ödem der Zunge während der Operation, das bei dauern-
dem Fassen mit der Zange eintritt und die Atmung erschwert,
fällt ganz fort.

Eine dritte Störung in der freien Atmung bildet das Vorhandensein von Flüssigkeiten im Nasenrachenraum,
mögen dieselben vom Magen her beim Erbrechen während der
Narkose dorthin gelangt sein, oder aus Sekreten der Kehlkopf-,
Nasen-, Rachen- oder Mundschleimhaut herstammen.

Die Anwesenheit derartiger Flüssigkeiten giebt sich durch
das gurgelnde Geräusch kund, das beim Hindurchstreichen der
Ein- und Ausatmungsluft durch diese Flüssigkeit entsteht, und
je nach der Menge der Flüssigkeit ist die Atmung mehr oder
minder beeinträchtigt. Die grösste Gefahr bildet jedoch die dadurch gegebene Möglichkeit der Aspiration dieser Flüssigkeiten,

wodurch schwere Bronchitiden oder Schluckpneumonien entstehen können.

Das geeignetste Mittel gegen diese Störung der Atmung ist auch hier die Prophylaxe. Zunächst wird man in allen den Fällen, wo die Operation längere Zeit vorher geplant wurde, dafür Sorge tragen, dass die Patienten nicht mit gefülltem Magen in das Operationszimmer kommen, ebenso wie man nicht eine an akuten Katarrhen der oberen Luftwege leidende Person einer Narkose resp. einer Operation aussetzen wird, wenn der geplante operative Eingriff einen Aufschub erlaubt.

Während der Operation selbst kann man, wie dies oben (S. 7) geschildert wurde, durch Aufmerksamkeit es verhindern, dass der Kranke aus der Narkosenbreite nach links in das Gebiet des Erbrechens gelangt. Hat aber trotzdem Erbrechen oder auch nur Würgen stattgefunden oder ist Flüssigkeit aus den oberen Luftwegen vorhanden, so ist Sorge zu tragen, dass diese Flüssigkeiten nicht in die tieferen Luftwege hineingeraten.

Die in manchen Kliniken übliche Methode, diese Flüssigkeitsmassen mittels Stielschwämmen, Finger etc. auszuwischen, ist ganz unpraktisch. Das einfachste und sicherste Mittel, diese Flüssigkeitsmassen zu entfernen, besteht darin, dass man sie zwingt, ihren physikalischen Gesetzen entsprechend bergab zu fliessen, d. h. dass man durch entsprechende Lagerung des Kopfes sie nach aussen ableitet. Sobald also das gurgelnde Geräusch den chloroformierenden Arzt auf das Vorhandensein von Schleim oder Speiseresten im Rachenraum aufmerksam macht, ist der Kopf auf die Seite zu drehen. Hat man, wie ich dies vorziehe, den Kranken von Hause aus vollkommen flach auf den Rücken gelagert, ohne irgendwelche Unterlage für den Kopf, so bildet an und für sich die Pharynxhöhle einen Recessus, in welchem etwaige Flüssigkeit gefahrlos für die Atmung sich ansammeln kann. Meist handelt es sich ja auch um geringe Quantitäten. Will man sie vorsichtigerweise oder bei reichlicherer Ansammlung gezwungenermassen abfliessen lassen, so genügt meist eine energische Drehung des Kopfes zur Seite, um die Flüssigkeiten aus dem Recessus des Pharynx nach aussen abfliessen zu lassen: sie laufen dann entweder in die Nase und von hier durch das nach unten gerichtete Nasenloch nach aussen, oder in die Mundhöhle in die nach unten gelagerte Backentasche. Durch Einführen eines Zeigefingers an der unteren Seite des Mundes und starkes Herunterziehen und Offnen dieses Mundwinkels läuft dann die Flüssigkeit ab. — Es erfüllt also bei dieser Atmungsstörung durch Flüssigkeit das Seitwärtslagern des Kopfes denselben Zweck, wie bei der Störung durch Zurücksinken der Zunge.

In sehr seltenen, aber um so ernsteren Fällen besteht eine derartig starke und besonders sehr zähe Absonderung aus der Nasen-Rachenschleimhaut oder bei chronisch bronchitischen Prozessen aus den tieferen Luftwegen, dass der Kranke Gefahr läuft, in seinem eigenen Schleim zu ertrinken. Auch hier kommt man durch das gleiche Verfahren zum Ziel. Nur ist hier eine etwas energischere Tieflagerung des Kopfes erforderlich. Man zieht in solchen Fällen vorteilhaft den Kopf des Kranken ganz an die äussere Kante des Operationslagers, -Tisches oder Bettes, nicht so weit, dass der Kopf über dasselbe herunterhängt, aber doch so weit, dass Mundwinkel und Nasenloch der entsprechenden Seite nach unten gerichtet sind, der Kopf aber noch eine leichte Stütze an der Kante des Operationslagers findet. Dann erhöht man die entgegengesetzte Schulter durch ein niedriges Kissen oder hält sie durch Anziehen des Armes dieser Seite etwas erhöht. Bei dieser Lagerung fliesst die Flüssigkeit, mag sie noch so zähe sein, allmählich ab, während die Einatmungsluft andauernd ungehindert einströmen kann.

Eine besondere Hilfe hat der chloroformierende Arzt den Kranken angedeihen zu lassen, wenn durch Unachtsamkeit während der Operation Erbrechen eintritt. An und für sich muss man zugeben, dass, sobald der Kranke in das Stadium des Erbrechens kommt, auch die Sensibilität des Schlundes und die Reflexthätigkeit der Schlundmuskeln derart wieder erwacht ist, dass nicht so leicht Erbrochene in den Kehlkopf eingelassen wird, etwa eingedrungene Massen auch sofort wieder durch Husten und Würgen aus demselben herausbefördert werden. Trotzdem wird und kann man sich nicht darauf verlassen. Die beste Hilfe, sobald Erbrechen oder auch nur Würgebewegungen auftreten, ist: Chloroform geben. Deshalb ist sofort Chloroform auf die Maske zu giessen, die Maske derart vor das Gesicht zu halten, dass sie am Nasenrücken fest aufliegt, dass aber auf der unteren Seite zwei Finger breit Raum bleibt zum Abfliessen des Erbrochenen, das sonst in die Maske hineinlaufen würde. Während so die eine Hand die Maske vor das Gesicht hält, muss die andere Hand den Kopf des Kranken energisch zur Seite drehen, event. sogar in der oben geschilderten Art bis zum Tischrand. Am zweckmässigsten fasst die Hand, wo dies angängig ist, fest in die Haare des Kranken. Es lässt sich durch festes Zufassen am Haarschopf des Kranken der Kopf mit Hals und Schultern leicht dirigieren, ohne jeden Schaden für den Kranken. Wo der Haarschopf für derartige Kraftäusserungen nicht genügend vorhanden ist, behilft man sich auch hier mit dem Erheben der entsprechenden Schulter.

Auf solche Weise fliesst während des Erbrechens beim Exspirium das Erbrochene nach aussen auf ein schon bei Beginn der Narkose untergelegtes Tuch oder ein bereitstehendes Becken, während beim Inspirium konzentrierte Chloroformdämpfe eingeatmet werden, durch welche die Narkose wieder vertieft wird und das Erbrechen aufhört, ohne dass infolge der energischen Seitenlage des Kopfes diese Massen inspiriert werden können. Bei Kranken, deren Narkosenbreite gering ist, darf man nicht vergessen, dass die Atemzüge während des Erbrechens sehr tiefe und energische sind, man hat also zur rechten Zeit die mit Chloroform getränkte Maske zu entfernen, um nicht den Kranken aus dem Stadium des Erbrechens zu schnell über die enge Pupille herüber in das Stadium der weiten Pupille nach rechts zu bringen.

Der Puls in der Narkose.

Wer im Verlauf der Narkose seines Patienten in aufmerksamer Weise die Pupille beobachtet und für die Freihaltung der Atmung sorgt, braucht den Puls seines Kranken nicht zu kontrollieren. Gefahren von seiten des Herzens, welche wir am Puls konstatieren könnten, drohen erst, wie wir gesehen haben, sobald die Pupille sich erweitert, ohne dass die Reflexe derselben vorhanden sind. Solange also die Narkose sich bis zum Normalpunkt und innerhalb der Narkosenbreite bewegt, ist das Herz ungefährdet, und die sich in der genauen Beobachtung dieser Zeichen ergebenden Erscheinungen sind weit sicherer und objektiver, als das Fühlen der Radialarterie. Erst in dem Momente, wo der chloroformierende Arzt die Erweiterung der Pupille bemerkt, hat er Veranlassung, das Herz an der Radialarterie zu kontrollieren. Er kann dann an der ev. Verlangsamung und der Schwäche des Pulses beurteilen, ob der Kranke sich nur im Stadium der Atmungslähmung befindet oder sich bereits dem Stadium der Herzlähmung nähert. Die Kontrolle des Pulses ist also in dem Augenblick notwendig, wo die Pupille rechts vom Normalpunkt sich erweitert.

Ein weiteres Erfordernis den Puls zu kontrollieren besteht im Beginn der Narkose. Einmal ist es für den Chloroformierenden wichtig, über die Qualität des Pulses seines Patienten von vorn herein ein Urteil zu haben, anderseits kommt gerade im Beginn der Narkose zuweilen eine Unregelmässigkeit des Pulses und der Atmung zu stande, welche für den Patienten eine Gefahr in sich birgt. Hier ist Kontrolle des Pulses notwendig.

Die Gefahr dieses Stadiums wird uns in dem folgenden Kapitel
beschäftigen.

Indessen muss man nicht ausser Acht lassen, dass der Puls
der exakteste Massstab des Kräftezustandes der Herzthätigkeit
ist. Lediglich als Kennzeichen für den Verlauf der Narkose bei
einer normal verlaufenden Operation werden wir die Kontrolle
des Pulses als unnötig erachten. Anders ist es bei Operationen,
bei welchen unvorhergesehene Zwischenfälle, starke Blutverluste
etc. auftreten, oder bei welchen starke Chokwirkungen unver-
meidlich sind, z. B. gewaltsame Zerrungen in der Bauchhöhle etc.
Auch diese Einwirkungen sind von Einfluss auf die einzelnen
Phasen der Narkose, und die Narkose, welche eben in gleich-
mässigem Verlaufe sich befand, bedarf im Momente derartiger
Zwischenfälle ganz andrer Beobachtung und Sorgfalt als bisher.
Die Zeichen erlahmender Herzthätigkeit infolge solcher Zwischenfälle prägen sich sofort auch an dem Verhalten der Pupillen aus,
die einzelnen Phasen der Narkose sind enger aneinandergerückt,
die enge Pupille geht schneller in die gefahrvolle weite über,
die Narkosenbreite wird kleiner, die Wirkung des Chloroforms
wird energischer, wenige Tropfen genügen zur Unterhaltung der
Anästhesie. Trotzdem werden wir in solchen Fällen die Kontrolle
des Pulses nicht dauernd entbehren dürfen, denn es prägt sich
in ihm nicht mehr die Chloroformwirkung allein aus, sondern
vor allem die Einwirkung des operativen Eingriffs selbst, und
hier bleibt der aufmerksame chloroformierende Assistent der zu-
verlässigte Berater des Operateurs, dessen Mahnung bei der
Fortsetzung der Operation beherzigt werden soll.

Der Tod in der Narkose.

Es ist bekannt, dass zuweilen während der Narkose der Tod des Patienten eintritt. Hier sind nur zwei Ursachen des Todes möglich: Der Kranke ist entweder durch das ihm zum Zweck der Schmerzlosigkeit gegebene Gift, das Chloroform, getötet worden, oder er ist durch die Insufficienz seiner vitalen Organe vom Tode ereilt worden, sei es, dass der Organismus schon vor der Operation hochgradig geschwächt war, sei es, dass diese gefährdenden Einflüsse während der Operation (Blutverlust etc.) auftreten.

Fassen wir zunächst die erste der beiden Möglichkeiten ins Auge. Dass das Chloroform ein Gift ist, ist als bekannt vorausgesetzt worden. Es war im Kapitel über die Physiologie der Chloroformnarkose dargelegt worden, in welcher Weise die einzelnen Phasen der Giftwirkung eintreten, in wie weit wir diese Wirkungen ärztlich benutzen und wie sich die Giftwirkungen jenseits der für uns notwendigen Phasen verhalten. Es war dargelegt worden, in welcher Weise der Tod bei unnötig weiterer Darreichung von Chloroform durch Atmungs- und Herzlähmung eintritt.

Es liegt aus der in jenem Kapitel gegebenen Darstellung auf der Hand, dass eine Darreichung des Chloroforms bis zur tötlichen Gefährdung des Organismus mit vollster Sicherheit vermieden werden kann und vermieden werden muss, wenn die physiologischen Zeichen der Chloroformwirkung in aufmerksamer Weise beobachtet werden. Es war ferner darauf hingewiesen worden, dass das Chloroform in seiner Dosierung Schwierigkeiten erfährt durch die verschiedenartige Empfindlichkeit der einzelnen Menschen gegen dieses Mittel (Narkosenbreite), dass aber dieser Verschiedenheit der Chloroformwirkung ebenfalls durch gehörige Aufmerksamkeit Rechnung getragen werden kann, so dass eine Gefährdung des Organismus bei Anwendung aller Vorsichtsmassregeln nicht eintreten kann.

Eine weitere Gefahr der Chloroformwirkung haben wir in der Behinderung der Atmung kennen gelernt, eine Gefahr, welche nicht dem Chloroform als chemischen Stoffe innewohnt, sondern durch die eigenartige Wirkung des Chloroforms auf die Muskulatur, besonders der oberen Luftwege, indirekt zu stande kommt. Dass diese Gefahr bei Anwendung der unbedingt notwendigen Beobachtung des Kranken, bei Kenntnis dieser Gefahr und diesbezüglicher Aufmerksamkeit vermieden werden muss, liegt ebenfalls auf der Hand.

Trotzdem ist der überwiegend grösste Teil aller Todesfälle in der Narkose sicherlich durch Vernachlässigung dieser beiden wichtigsten Punkte: Überdosierung des Chloroforms und Behinderung der Atmung, zuweilen auch durch Kombination beider Momente: Darreichung von Chloroform bei bereits behinderter Atmung, zu stande gekommen.

Es liegt der Grund dieser Thatsache darin, dass die mit der Chloroformnarkose betrauten Ärzte oft mit ungenügender Kenntnis und mit zu geringer Erfahrung an dieses verantwortliche Amt herantreten.

Prüft man die Litteratur über das Chloroform, so sieht man noch eine dritte Gefahr der Chloroformwirkung geschildert: Den plötzlichen Herztod in der Narkose. Der Schilderung der verschiedenen Autoren zufolge wird plötzlich, oft im Beginn der Narkose, wenige Minuten nach Darreichung des Mittels der Kranke wachsbleich, pulslos und stirbt trotz angewandter Hilfsmittel. Nicht selten handelte es sich bei diesen Kranken um jugendkräftige Personen, oft mit geringfügigen Leiden. Nicht selten haben die Schilderungen dieser Todesfälle das Gemeinsame, dass die Respiration trotz des primären Stillstandes des Herz-

schlages noch wenige Sekunden vorhanden war oder doch nach
Einleitung der künstlichen Atmung sich einige Male spontan
einstellte; mit anderen Worten, es handelte sich um eine primäre
Lähmung des Herzens vor der Lähmung des Atmungscentrums.
Dass ein solcher primärer plötzlicher Herztod thatsächlich
eintreten kann, ist nach den Schilderungen der Litteratur nicht
zu bezweifeln, wenngleich Verfasser glücklicherweise in eigener
Praxis einen solchen Todesfall noch nicht beobachtet hat. Indessen ist Verfasser der Ansicht, dass derartige Todesfälle höchst
selten sind, so selten, dass thatsächlich in der Praxis mit solchen
Fällen nicht gerechnet zu werden braucht. Die meisten der sogenannten Chloroformtodesfälle gehören sicherlich nicht in diese
Kategorie. Es ist klar, dass die Veröffentlichungen über Todesfälle in der Chloroformnarkose stets sehr zurückhaltend sein
werden, und dass der Arzt, der das Unglück gehabt hat, einen
Kranken in der Narkose zu verlieren, weit eher sich der be-
ruhigenden Ansicht hingeben wird, der Kranke sei unter dieser
unerwarteten und unvermeidlichen Wirkung des Chloroforms an
Herztod gestorben, als dass er Fehler in der Darreichung des
Mittels sich selbst zugeben wird.
Wie kommen derartige Todesfälle zu stande und wie sind
sie zu vermeiden? Über erstere Frage bestehen verschiedene
Ansichten; die richtigste ist wohl die, dass bei der Einatmung des
Chloroforms, durch zu schnelle Überschwemmung der Luftwege
mit Chloroform eine Reizung der sensiblen Trigeminusäste der
Nasenschleimhaut stattfindet, welche reflektorisch auf den Vagus
und somit auf das Herz wirkt; andere meinen, die ersten schäd-
lichen Wirkungen beständen in einem reflektorischen Krampf
der Glottis. Thatsächlich ist die Wirkung der ersten Atemzüge, besonders bei sehr konzentrierter Darreichung — feuchter
Maske — bei manchen Menschen eine ganz unerwartete, atypische
und in obigem Sinne zu deutende. Die Atmung ist oberflächlich,
aussetzend, krampfhaft, unregelmässig, der Puls klein, seine Fre-
quenz erhöht. Es liegt auf der Hand, dass die schablonenmässige
Darreichung, id est Aufträufelung von Chloroform bei solchen

- 32 -

Patienten, der gewaltsame, zuweilen von kräftigen Männerfäusten unterstützte Zwang für den Kranken, trotz dieser atypischen Zeichen das Mittel konzentriert weiter einzuatmen, verhängnisvoll werden kann. Aber auch bei ganz still liegenden, gegen das Mittel sich nicht wehrenden Kranken kommen derartige atypische Symptome, Glottiskrampf, Pulsbeschleunigung, Atmungsunregelmässigkeiten vor und erfordern besondere Aufmerksamkeit durch häufiges Unterbrechen der Narkose, Beobachtung der Atmung. Darreichung kleiner Chloroformmengen mit häufigem Anbieten reiner atmosphärischer Luft durch Fortnehmen der Maske während mehrerer Atemzüge. Ist man in dieser Weise vorsichtig gewesen, so wird man selbst bei solchen Kranken sehr bald sehen, dass die ursprünglich atypische Chloroformnarkose gleichmässiger wird, dass die physiologischen Symptome typischer auftreten und die weitere Narkose dann gefahrlos verläuft. — Ist jemals unglücklicherweise ein derartiges Versagen des Herzens eingetreten, so werden die dagegen empfohlenen Mittel: Massage des Herzens im Rhythmus der Pulsfrequenz durch Schläge auf die Herzgegend, Strychnininjektionen, künstliche Atmung etc. in Anwendung zu bringen sein.

In ganz anderer Weise zu beurteilen ist der Tod in der Chloroformnarkose, wenn er durch Insuffizienz lebenswichtiger Organe eintritt. Dass ein Mensch infolge schwerer und ausgedehnter Verletzungen, oder infolge schwerer und langdauernder Schädigung seines Allgemeinbefindens durch Krankheiten, welche schliesslich zu einer Operation drängen, oder das die Operation erfordernde Leiden komplizierten, auch ohne Operation sterben kann, liegt auf der Hand, ebenso wie bekanntlich eine grosse Anzahl von Menschen eines plötzlichen Todes sterben, ohne dass eine ihrer Umgebung kenntlich gewordene Erkrankung vorhanden war. Dass bei solchen Menschen durch die Inhalation eines Giftes wie Chloroform zum Zwecke einer Operation die Operationsgefahr noch um eine gewisse, mathematisch nicht zu bestimmende Grenze gesteigert wird, ist erklärlich, und das Eintreten des Todes in der Narkose darf in solchen Fällen nie und nimmer dem Chloroform zugeschoben werden. Ich selbst verfüge über zwei Fälle, in welchen der Tod unerwartet vor der geplanten Operation bei Frauen eintrat, bei denen kein ernsteres Leiden innerer Organe diagnostiziert worden war. Die eine der beiden Frauen wurde am Morgen des Operationstages tot im Bett aufgefunden (63 Jahr, geplante Prolapsoperation), die andere (40 Jahre alt) starb plötzlich an Lungenembolie, nachdem aus äusseren Gründen eine geplante Dammplastik aufgeschoben worden war. Höchstwahrscheinlich wäre der Tod auch bei der Operation eingetreten. Zur Vermeidung derartiger Fälle soll man wenigstens die Vorsicht üben, bei Aufstellung von Indikationen zu Operationen bei Patienten mit schwachem Kräftezustand oder schwerer Erkrankung vitaler Organe (Nephritis chronica, Diabetes, Atheromatose der Arterien etc.) nicht zu weit zu gehen.

Der Tod nach der Narkose.

Nach den Ausführungen des vorigen Kapitels können wir zusammenfassend sagen, dass der grösste Teil aller sogenannten Chloroformtodesfälle, d. h. der in der Operation aufgetretenen Todesfälle bedingt wird durch Vernachlässigung der bei Anwendung der Narkose notwendigen Aufmerksamkeit, oder verursacht wurde, relativ unabhängig vom Chloroform, durch Insuffizienz vitaler Organe.

Es sind Fälle bekannt geworden von Tod nach der Chloroformnarkose. Diese Todesfälle stehen zweifellos auf gleicher Stufe wie diese letztgeschilderte Gruppe. Dass das Narkoticum einen, wenn auch nicht zu überschätzenden Faktor bei derartigen Todesfällen spielt, ist zuzugeben.

Wir wissen heute, dass das Chloroform (ebenso der Äther) bei langdauernder Anwendung schwere Schädigungen des Nierenparenchyms hervorrufen kann, besonders bei mehrfach an derselben Person hintereinander vorgenommenen Narkosen; wir wissen ferner, dass das Chloroform bei langdauernder Narkose und starker Dosierung eine herzschwächende Wirkung ausübt (fettige Degeneration des Herzens). Da der operative Eingriff häufig schon an sich eine schwere Schädigung der Herzkraft bedingen kann, so werden wir daher bei alten Leuten, ferner bei Kranken mit chronischen Leiden der Nieren oder des Herzens oder der Gefässe oder allgemeinen Krankheiten des Stoffwechsels: Diabetes, Chlorose und Anämie etc. etc. die Chancen eines operativen Eingriffes und der Narkose sehr in Frage ziehen müssen und den Puls der Kranken auf diese Frage hin sorgfältig prüfen. Ob in einigen derartigen Fällen (Herzschwäche, Anämie) ein Ersatz des Chloroforms durch den Äther erfolgreich vorgenommen werden kann, oder ob an Stelle des Chloroforms Gemenge von Gasen (Schleich) zweckentsprechend treten sollen, ist noch an der Hand weiterer Beobachtungen zu entscheiden.

Man ist in unserem operativen Zeitalter viel zu waghalsig geneigt, mehr in der Notwendigkeit ein Narkoticum anzuwenden, eine Kontraindikation für die Operation bei geschwächten Individuen zu erblicken, als in der Operation selbst. Gerade die Chance der Operation selbst und ihre dringende Notwendigkeit sind meines Erachtens in allererster Linie zu erwägen. Hat man sich dann zur Vornahme des Eingriffs entschlossen, so ist die Gefahr der Narkose eine unbedeutende Steigerung des Gefahrenquotienten. Gerade das Chloroform steigert die Gefahr nur minimal, kann man doch gerade bei geschwächten Patienten oft mit erstaunlich geringen Mengen Schmerzlosigkeit erzielen, ohne die Narkose bis zum Normalpunkt zu steigern.

Die Tropfmethode der Chloroformnarkose.

In den letzten Jahren ist unter der Empfehlung verschiedener Chirurgen die Tropfmethode empfohlen worden d. h. das stetige Aufträufeln einer bestimmten Anzahl von Tropfen in einer Minute auf die Maske während der ganzen Narkose. Rydygier empfahl 12 Tropfen in der Minute im Beginn, 4—6 Tropfen während der Narkose. Diesem ununterbrochenen Aufträufeln von Chloroform wurden verschiedene Vorteile nachgerühmt, besonders aber die Gefahrlosigkeit bei langdauernder Narkose.

Nach unseren Ausführungen über die Physiologie der Chloroformnarkose ist ein derartiges ununterbrochenes Aufträufeln nicht zweckmässig. Wer ohne die Wirkungen zu beobachten, welche das Chloroform in jedem einzelnen Falle bei seinem Patienten hervorruft, systematisch in bestimmten gleichmässigen Intervallen das Narcoticum dem Patienten einverleibt, degradiert sich zu einer Maschine. Es hat dementsprechend auch nicht an Konstruktion von Apparaten gefehlt, welche dieses Aufträufeln selbstständig besorgen.

Das Chloroform ist ein different wirkendes Arzneimittel, ein Gift, dessen Wirkung keine gleichmässige bei den verschiedenen Menschen ist. Demgemäss muss zunächst die Dosierung bei jedem Menschen an und für sich eine verschiedene sein. Ferner ist bei ein und demselben Menschen der Verlauf der einzelnen Phasen der Narkose ein verschiedenartiger, so das Stadium der weiten Pupille anders, als das der Narkosenbreite etc.; auch die Art der Operation, der Blutverlust und die einzelnen Akte der Operation haben je nach ihrer grösseren oder geringeren Ein-

wirkung auf das Nervensystem einen gewaltigen Einfluss auf den
Verlauf der Narkose, demgemäss muss auch die Dosierung des
Chloroforms während dieser einzelnen Phasen der Narkose eine
verschiedenartige sein. Aus allen diesen Gründen darf die Darreichung des Mittels
weder im allgemeinen, noch auch im besonderen eine gleich-
mässige, schablonenmässige sein. Trotzdem stellte die Einführung der Tropfmethode einen
ganz bedeutenden Fortschritt gegen die früher übliche Verab-
reichung dar, insofern als sie zuerst gegen die unnötige und
schädliche Verabfolgung von grossen Dosen Front machte. Dies
gilt ganz besonders für den Beginn der Narkose. Hier muss es
Princip werden, den Kranken durch Darbieten von ganz geringen
Mengen des Mittels an das gleichmässige Einatmen desselben zu
gewöhnen und dadurch die gleichmässige, physiologische Wirkung
zu erzielen. Dann fällt der oft verzweifelte Kampf des Kranken
gegen die konzentrierten, ihm Erstickungsgefühl verursachenden
Dämpfe fort, die Atmung bleibt eine gleichmässige, die Wirkung
des Chloroforms eine normale, gefahrlose. Im weiteren Verlauf
der Narkose wird der beobachtende Arzt dann bald ein Urteil
über die Narkosenbreite seines Patienten haben und die Menge
und den Zeitpunkt des Aufträufelns nicht von einem gegebenen
Schema, nicht von einem ad hoc konstruierten Apparat, sondern
von dem jeweiligen Verhalten seines Patienten gegenüber dem
Mittel und gegenüber den Einwirkungen der Operation auf ihn
abhängig machen.

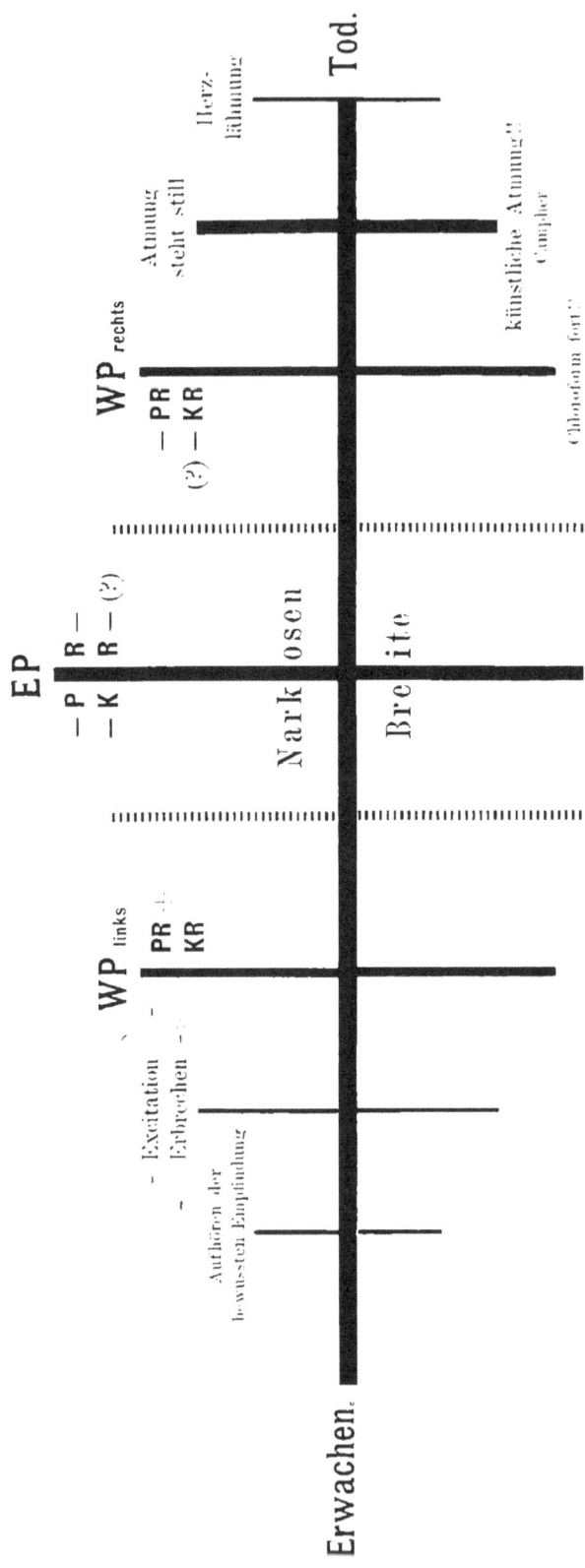

Erwachen.

Tod.

EP

— P R —
— K R — (?)

Narkosen

Breite

WP links

PR
KR

— Excitation
— Erbrechen

Aufhören der
bewussten Empfindung

WP rechts

PR
KR
(?)

Atmung
steht still

Herz-
lähmung

künstliche Atmung?
Chloroform fort?

www.ingramcontent.com/pod-product-compliance
Lightning Source LLC
Chambersburg PA
CBHW022032190326
41519CB00010B/1678